Jose Eduardo Magaña Magaña
Fabiola Iveth Ortega Montes
Maria Guadalupe Macías López

La Reforma Fiscal a los Productores Agrícolas

Jose Eduardo Magaña Magaña
Fabiola Iveth Ortega Montes
Maria Guadalupe Macías López

La Reforma Fiscal a los Productores Agrícolas

Análisis del Impacto de la Reforma Fiscal al sector Agrícola 2022: Caso Pequeños productores de Nuez en Chihuahua

Editorial Académica Española

Imprint

Cover image: www.ingimage.com

Publisher:
Editorial Académica Española
is a trademark of
Dodo Books Indian Ocean Ltd. and OmniScriptum S.R.L publishing group

120 High Road, East Finchley, London, N2 9ED, United Kingdom
Str. Armeneasca 28/1, office 1, Chisinau MD-2012, Republic of Moldova, Europe
Managing Directors: Ieva Konstantinova, Victoria Ursu
info@omniscriptum.com

Printed at: see last page
ISBN: 978-620-8-82665-9

La Reforma Fiscal a los Productores Agrícolas

Análisis del Impacto de la Reforma Fiscal 2022 al Sector Agrícola: Caso Pequeños productores de Nuez en Chihuahua

Por:
Eduardo Magaña Magaña
Fabiola Iveth Ortega Montes
Maria Guadalupe Macías López

I. Historia de la situación anterior a la reforma fiscal del 2022.

En este capítulo I, se analiza la evolución histórica del régimen fiscal aplicado al sector agropecuario en México, enfocándose en los cambios previos a la reforma de 2022. Destaca cómo, desde 1989, el gobierno implementó regímenes simplificados (como el de 1991 y AGAPES en 2014) para adaptarse a las particularidades del sector primario, caracterizado por informalidad, estacionalidad y baja rentabilidad. Estos esquemas ofrecían beneficios como tasas reducidas del Impuesto Sobre la Renta (ISR), exenciones y facilidades administrativas, incentivando la formalización de pequeños productores.

La reforma fiscal de 2022 eliminó el régimen AGAPES e introdujo el Régimen Simplificado de Confianza (RESICO), que incrementa obligaciones fiscales y reduce umbrales de exención (de 1.3 a 0.9 millones de pesos anuales). Este cambio afecta especialmente a pequeños productores agrícolas en Chihuahua, región clave en cultivos como nuez pecanera, donde el 81.48% de las empresas son microempresas. El estudio subraya una mayor carga fiscal, restricciones para asociarse con personas morales y la necesidad de comprobar gastos con CFDI, lo que podría desincentivar la productividad y la formalización.

Además, se identifica un vacío en la literatura sobre los efectos económicos de la reforma fiscal de 2022, similar a lo ocurrido con cambios anteriores (ej. 2014), y propone evaluar su impacto en municipios como Delicias y Rosales. La investigación busca aportar evidencia para equilibrar políticas fiscales con el desarrollo rural, considerando la relevancia del sector primario en seguridad alimentaria y empleo.

Por Sandra Elena Rodríguez Acosta y María Guadalupe Macías López

CONTENIDO DEL CAPÍTULO

1. El sector agrario en México
2. Historia de la situación anterior a la reforma fiscal del 2022. AGAPE.
3. Régimen de Incorporación Fiscal 2021
4. Adecuaciones a la Reforma Fiscal 2022
5. Efectos esperados en los productores agrícolas
6. La recaudación fiscal y el desarrollo económico.
7. Las actividades agrícolas de una región
8. Importancia de las empresas agropecuarias
9. Panorama general de las empresas agropecuarias en México
10. El sector primario en México
11. Definición de personas morales conforme al derecho agrario.
12. Artículo 74 de la Ley del Impuesto Sobre la Renta (LIRS, 2022).
13. Deducciones para un contribuyente del sector primario.
14. Conceptos importantes en el lenguaje fiscal.

El sector agropecuario es uno de los pilares de la economía, siendo esencial para la vida de la sociedad y el desarrollo de otros sectores económicos. Su influencia abarca desde la producción de alimentos hasta la generación de materias primas, y su desarrollo sostenible es clave para la seguridad alimentaria y el bienestar económico a largo plazo de un país.

En México, el sector primario constituye el 80% de las zonas rurales, donde el 25% de la población que vive en estas zonas se dedica a la agricultura y la ganadería. Estas actividades son fundamentales para la seguridad alimentaria y la generación de empleo, pero también enfrentan grandes desafíos, como la falta de infraestructura, la escasa capacitación y la complejidad de las obligaciones fiscales. La población rural en estas comunidades está compuesta principalmente por personas con un rango de edad superior a los 50 años, mismas que poseen un arraigo por su tierra y sus costumbres. Teniendo en cuenta las particularidades de este sector, el gobierno mexicano había designado desde hace más de tres décadas un régimen específico para su tratamiento fiscal.

El régimen simplificado fue una opción fiscal que el gobierno mexicano otorgó a los contribuyentes de este sector, considerando sus características especiales, como la estacionalidad, la informalidad y la baja rentabilidad. El régimen simplificado entro en vigor en 1989, dicho régimen era opcional, éste mismo se convirtió en obligatorio a partir de 1991 para los contribuyentes del sector primario (agricultura, ganadería, pesca y silvicultura), así como también para aquellos contribuyentes dedicados al transporte de personas y bienes. (BARRAZA, 2014).

Hasta 1993, este sector se encontraba dentro del régimen denominado "Bases especiales de tributación" en el que se calculaba el impuesto mediante la aplicación de un coeficiente de utilidad predeterminado, que variaba anualmente y los contribuyentes siempre tenían ISR a cargo, a pesar de haber registrado pérdidas. No obstante, pese a que el impuesto no fuera representativo, los contribuyentes generaban ingresos fiscales constantes para la federación. En 1998 se modificaron las reglas de este régimen, sin embargo, el sector agrícola, silvícola, ganadero, pesquero y de autotransporte siguieron siendo beneficiados.

La reforma del 2002 dejó un capítulo especial dentro del título de las personas morales conocido como régimen simplificado, considerando a los mismos sectores incluidos en la ley que existía en 1998, sin embargo en el título referente a las personas físicas no se describía un régimen especial que reuniera las mismas características que para las personas morales, pero que se concentraron en el mismo título de las personas morales como sus integrantes, otorgándoles facilidades dentro del régimen intermedio. Para el ejercicio fiscal 2008 se conservó la misma línea en materia de actividades agropecuarias, señalándose cambios respecto a la tasa aplicable y en materia de facilidades administrativas, incluyendo la aparición del IETU y el Impuesto a los Depósitos en Efectivo (IDE). Para 2010, se incluyó una disminución adicional en el ISR, respecto a la deducción que ya existía, pues con dicha disposición se pretendía desaparecer paulatinamente ese estímulo, hasta encontrarse en las mismas condiciones de tributación que lo demás regímenes, lo cual no ha sucedido. (BARRAZA, 2016)

En los ejercicios 2011 a 2013 no se presentaron cambios importantes a la Ley del ISR (LISR) con respecto al sector agrícola y fue hasta 2014 cuando se realizaron reformas a dicha ley eliminando el régimen simplificado, para crear un nuevo capítulo, el Régimen de Actividades Agrícolas, Ganaderas,

Silvícolas y Pesqueras también conocido como AGAPE.

Hasta 2021 en el Régimen de Incorporación Fiscal, incluía a:

·Sociedades cooperativas.
·Sociedades bajo la Ley Agraria.
·Sociedades mercantiles.
·Personas físicas con ingresos 90% sólo de AGAPE.
·Personas físicas con actividades empresariales.

Sin embargo, este régimen fue sustituido en 2022 por el RESICO, lo que implica mayores obligaciones y requisitos para los contribuyentes rurales.

Agregado a lo anterior, el 1 de enero de 2022 entraron en vigor las adecuaciones a la Ley de Ingresos de la Federación para el ejercicio fiscal por parte del Congreso de la Unión. Este paquete económico no contempla nuevos impuestos, ni aumentos a los existentes, sino adecuaciones a las normas actuales, pero con una tendencia a ampliar la base gravable de los contribuyentes. La miscelánea fiscal, aprobada por la Cámara de Diputados y avalada en lo general por el Senado, derogó la fracción III del artículo 74 de la Ley del Impuesto Sobre la Renta (LISR, 2022), que contempla el régimen de actividades Agrícolas, Ganaderas, Silvícola y Pesca (AGAPES), perjudicando a pequeños y medianos productores del sector agropecuario que deberán migrar al nuevo Régimen Simplificado de Confianza (RSC).

Considerando:

* El 100% de sus ingresos deben venir de actividades AGAPES (previamente era mínimo 90%).
* Si los ingresos no exceden los $900 mil pesos efectivamente COBRADOS, se exenta el ISR.

En caso de que los ingresos excedan los $900 mil pesos efectivamente cobrados, el cálculo del ISR podrá ir desde el 1% hasta el 2.5% siempre que no rebase los 3.5 millones de pesos. Por otro lado, pero siguiendo la misma línea de investigación, según datos de la Secretaría de Innovación y Desarrollo Económico, en su prontuario estadístico 2020, el estado de Chihuahua ocupa el 12.6% de la superficie total del país. Una de las principales actividades económicas agropecuarias que se desarrollan en esta entidad es la agricultura. Esta se realiza en 1.12 millones de hectáreas, de las cuales el 51 % son de sistemas de riego. La actividad agrícola genera dentro del campo chihuahuense la mayor fuente de empleos e ingresos para más de 220 mil personas, entre ejidatarios y pequeños propietarios.

Al respecto Chihuahua ocupa el primer lugar nacional de producción y valor económico en los cultivos de: alfalfa verde, algodón hueso, avena forrajera, avena grano, cebolla, chile verde, manzana, nuez pecanera, pistache y trigo forrajero, de acuerdo con los registros de 2020 de la Secretaría de Desarrollo Rural. Así mismo, la nuez de pecan, es uno de los cultivos más importantes y rentables en el norte de México. Este cultivo es el objeto de un estudio preliminar de los efectos de la reforma en pequeños productores de esta investigación.

Según las cifras proporcionadas por el Servicio de Información Agroalimentaria y Pesquera (SIAP, 2020), el estado de Chihuahua representa el 62% de la producción nacional y la misma proporción de la superficie cultivada con nogal, lo que lo sitúa en el primer lugar a nivel nacional en la producción de nuez pecanera [Carya illinoinensis (Wangenh.) K. Koch]. Según SIAP (2017) menciona que la superficie sembrada de nogal (Carya illinoinensis, Wangenh) a nivel nacional es de 123,346.30 ha lo que equivale a un valor de producción aproximado de

11,407,038.10 miles de pesos, del cual la superficie sembrada en el estado de Chihuahua es de 72,238.60 ha y un valor de producción correspondiente a 7,449,985.32 miles de pesos, lo que ubica al cultivo de nuez como de importancia económica a nivel nacional y estatal.

De acuerdo a datos la secretaría de Desarrollo Rural del estado de Chihuahua a pesar de que esta región se ubica en una zona de constantes sequías y clima extremoso, con una superficie considerada como mayormente desértica, esto no ha sido una limitante para que las actividades agropecuarias ocupen importantes lugares en la producción nacional. En tal sentido, es importante conocer y medir las posibles repercusiones económicas y fiscales que ocasionaran los cambios comentados a los pequeños productores agrícolas de los municipios de Delicias, Rosales y Lázaro Cárdenas.

Efectos esperados en los productores agrícolas.

Dentro de la simplificación de las obligaciones fiscales para las personas físicas con actividades empresariales mediante el RESICO, mismo que sustituye al antiguo Régimen de Incorporación Fiscal (RIF), la reforma fiscal 2022 probablemente tenga repercusiones e importantes cambios a los pequeños productores del estado de Chihuahua.

La eliminación del régimen de AGAPES no es el único punto que puede afectar al pequeño productor agrícola. El Régimen Simplificado de Confianza establece que, si una persona física es socio o accionista de una persona moral, incluyendo sociedades cooperativas de ahorro y préstamo o cajas de ahorro, no podrá tributar bajo el nuevo régimen. De igual forma, en el nuevo régimen simplificado ha bajado el monto para que una persona física sea beneficiada con una exención del pago de

Impuesto sobre la Renta (ISR, 2022). Ejemplo: Anteriormente si un productor del sector primario ingresaba hasta 1.3 millones de pesos anuales no pagaba el ISR, sin embargo, con el nuevo régimen sólo quedan exentos quienes ingresen hasta 900,000 pesos facturados. El régimen anterior facilitaba el cumplimiento de las obligaciones fiscales, la formalidad e incentivaba la productividad mediante exenciones, reducciones y facilidades administrativas. Ante este escenario, resulta necesario e importante investigar los efectos económicos del RESICO en los pequeños productores. Actualmente, se desconoce el impacto que estas modificaciones puedan tener sobre ellos y cuáles serán las medidas adoptadas por el sector agrario para mitigar sus efectos. Por lo tanto, la evaluación económica de la entrada en vigor de este nuevo régimen específicamente en los pequeños productores agrícolas será el resultado de este estudio.

La recaudación fiscal y el desarrollo económico.

La agricultura desempeña un papel vital en el desarrollo económico de un país. La recaudación fiscal, a través del pago de impuestos, es el motor que impulsa este desarrollo. Por lo tanto, es fundamental que exista sinergia entre la cultura tributaria, el flujo de efectivo proveniente de esa recaudación y la actividad agrícola. En este contexto, durante varios años, los legisladores y las autoridades fiscales han otorgado diversos beneficios fiscales a este sector (Pérez, 2016). Sin embargo, la nueva miscelánea fiscal 2022 afecta a los pequeños productores agrícolas de las ciudades de Delicias, Rosales y Lázaro Cárdenas. La eliminación del régimen de AGAPES los deja sin algunas facilidades, como tener gastos sin comprobante fiscal digital por Internet (CFDI) o retenciones de nómina con un porcentaje menor al de otros regímenes.

En el sector se suele trabajar en asociaciones, y el RSC impedirá que los productores sean socios o asociados de personas morales, lo que impide que puedan acceder a estímulos fiscales de algún tipo. Al mismo tiempo, el pequeño productor está condicionado para garantizar su estadía en el régimen de RSC. Esto implica no recibir ingresos asimilados a salarios, tener una pensión y no pertenecer a cajas de ahorro y préstamo. De lo contrario, pasará al régimen de actividades empresariales.

Por lo anterior, el desarrollar una evaluación económica y de carácter tributario de los cambios que la reforma fiscal traerá a los pequeños productores agrícolas de los municipios de Delicias, Rosales y Lázaro Cárdenas es todo un reto.

Las actividades agrícolas de una región.

La actividad agropecuaria, de acuerdo a la Real Academia Española (2016), es todo lo que tiene relación con la agricultura y la ganadería, partiendo de este concepto se reconoce que las actividades agropecuarias son los procesos productivos primarios basados en recursos renovables.

De forma específica el Código Fiscal de la Federación [CFF] de México (2022) define este sector empresarial como: las actividades de siembra, cultivo, cosecha y la primera enajenación de los productos obtenidos, que no hayan sido objeto de transformación industrial.

Importancia de las empresas agropecuarias.

Conforme lo antes mencionado, las empresas agropecuarias satisfacen de recursos naturales alimenticios al país, de acuerdo a Guajardo (2012), el valor que tienen los alimentos para cualquier nación es vital, pues de eso depende fundamentalmente la existencia de la población y por consecuencia, cualquier pueblo en el mundo se interesa por la autonomía y autosuficiencia alimentaria. Así mismo, las empresas agropecuarias representan las unidades económicas que explotan los recursos naturales con los que cuenta el país y, por lo tanto, éstas representan la economía interna del país, la abundancia y escasez del mismo. Es trascendental reconocer que existe un gran porcentaje de la población que vive de la producción agraria y contribuye de una manera muy importante en el Producto Interno Bruto (PIB) del país.

Panorama general de las empresas agropecuarias en México.

En México el número total de unidades económicas es de 5,654,014, donde el 44.8% corresponde a la actividad de comercio, 42.5% a servicios, 10.7% a manufactura y el 2.0% al resto de las actividades. La actividad agropecuaria está clasificada dentro del resto de las actividades, representando tan sólo el 0.48% del total de empresas existentes en el país [Instituto Nacional de Estadística y Geografía (INEGI, 2015a.)

El 81.48% de las empresas agrícolas son microempresas, el 14.89% pequeñas, el 0.96% medianas y el 0.19% grandes. Partiendo de esta información, se reconoce que la mayor parte de las empresas agropecuarias en México corresponden a microempresarios, este tamaño de empresa es el de mayor proporción en México, del total de unidades económicas en el país el 94.3% son microempresas (incluye todos los sectores), siendo identificadas por tres características principales que son el número de empleados, ingresos y activos. Por lo tanto, el 81.48% de las empresas agropecuarias en México cuentan con un número de empleados de 1 a 10, sus ventas o ingresos de $1 hasta $4,000,000 millones de pesos (mdp) y sus bienes o activos tiene un valor promedio de $182,100 miles de pesos. (SE, 2009, y INEGI, 2015b).

El sector primario en México.

Según el Servicio de Administración Tributaria (SAT, 2022) los contribuyentes del sector primario en México son las personas físicas y morales dedicadas a las actividades agrícolas, ganaderas, silvícolas y pesqueras. Las actividades de este régimen están relacionadas con la obtención directa de los recursos naturales. Las actividades del sector primario son la agricultura, la ganadería, la pesca y la explotación forestal. Se puede pertenecer a este régimen, si eres una persona física o moral que se ubica en uno de los siguientes supuestos:

- Persona moral, sociedad cooperativa de producción, o persona moral de derecho agrario (ejidos, comunidades, sociedades rurales, entre otros) dedicadas exclusivamente a actividades agrícolas, ganaderas o silvícolas.

- Persona moral o sociedad cooperativa de producción dedicada exclusivamente a actividades pesqueras.

- Persona física con actividades agrícolas, ganaderas o pesqueras.

Definición de personas morales conforme al derecho agrario.

De acuerdo al CFF se considera empresa la persona física o moral que realice las actividades empresariales entre las cuales se encuentran las del sector primario. (CFF, 2017). Las personas morales de derecho agrario, están contempladas en los artículos 108 al 114 de la Ley Agraria en estos términos, se establece que los ejidos y comunidades, de igual forma podrán establecer empresas para el aprovechamiento de sus recursos naturales o de cualquier índole, así como la prestación de servicios. En ellas podrán participar ejidatarios, grupos de mujeres campesinas organizadas, hijos de ejidatarios, comuneros, avecindados y pequeños productores; de esta manera podrán adoptar cualquiera de las formas asociativas previstas por la ley. (Ley Agraria, 2017).

Artículo 74.

Conforme a lo descrito en el artículo 74 de la Ley del Impuesto Sobre la Renta (LIRS, 2022) aquellos obligados a tributar como AGAPES deberán cumplir con sus obligaciones fiscales en materia del impuesto sobre la renta conforme al régimen establecido en el presente capítulo, los siguientes contribuyentes:

I. Las personas morales de derecho agrario que se dediquen exclusivamente a actividades agrícolas, ganaderas o silvícolas, las sociedades cooperativas de producción y las demás personas morales, que se dediquen exclusivamente a dichas actividades.

II. Las personas morales que se dediquen exclusivamente a actividades pesqueras, así como las sociedades cooperativas de producción que se dediquen exclusivamente a dichas actividades.

III. Se deroga.

Cuando las personas físicas realicen actividades en copropiedad y opten por tributar por conducto de personas morales en los términos de este capítulo, dichas personas morales serán quienes cumplan con las obligaciones fiscales de la copropiedad y se considerarán como representantes comunes de la misma.

Para los efectos de esta Ley, cuando la persona moral cumpla por cuenta de sus integrantes con lo dispuesto en este capítulo, se considerará como responsable del cumplimiento de las obligaciones fiscales a cargo de sus integrantes, respecto de las operaciones realizadas a través de la persona moral, siendo los integrantes responsables solidarios respecto de dicho cumplimiento por la parte que les corresponda.

Deducciones que puede recibir un contribuyente del sector primario.

Una deducción es el derecho que tienes como contribuyente de disminuir ciertos gastos de tus ingresos acumulables para obtener una utilidad fiscal (SAT, 2022)

Las deducciones autorizadas del régimen son:

- Los gastos.
- Las inversiones.
- Las devoluciones, descuentos y bonificaciones.
- Las adquisiciones de mercancías, así como materias primas.
- La mano de obra de trabajadores eventuales del campo.
- El IEPS aplicado a la gasolina, siempre y cuando tus ingresos no hayan excedido de 20 UMA´s

A la fecha de la elaboración de la presente investigación, no se han identificado publicaciones ni trabajos de investigación que aborden los efectos económicos y tributarios de la reforma fiscal de 2022. Este vacío de información se atribuye a la reciente entrada en vigor de dicha reforma el 1 de enero de 2022.

Dada la inexistencia de investigaciones o artículos que traten sobre el impacto de la reforma, se emplearán como punto de referencia los estudios realizados con respecto a la reforma fiscal de 2014. En junio de 2012, la Secretaría de Hacienda y Crédito Público (SHCP) llevó a cabo un análisis para determinar las pérdidas fiscales derivadas de los beneficios fiscales otorgados a ciertos contribuyentes, particularmente en el sector primario. Según el análisis previamente mencionado, el sector primario logró ahorros económicos significativos como resultado de la reducción en el pago de impuestos, lo cual resultó en una disminución en la recaudación y provocó una erosión en el gasto público. Esta situación se originó en el hecho de que este régimen opera sobre una base de flujo de efectivo.

Conforme a los datos proporcionados por la Secretaría de Hacienda y Crédito Público al cierre del ejercicio fiscal 2021, la recaudación del Impuesto Sobre la Renta (ISR) en actividades agrícolas, ganaderas, de aprovechamiento forestal, pesca y caza experimentó un crecimiento del 20.9%, alcanzando un total de 17,462 millones de pesos. Las personas morales contribuyeron con 15,217 millones de pesos, representando un incremento del 29.7%, mientras que las personas físicas aportaron 2,244 millones de pesos.

Conceptos importantes en el lenguaje fiscal.

UMA

La Unidad de Medida y Actualización (UMA) es la referencia económica en pesos para determinar la cuantía del pago de las obligaciones y supuestos previstos en las leyes federales, de las entidades federativas, así como en las disposiciones jurídicas que emanen de todas las anteriores (INEGI, 2022).

CFDI

El CFDI es el comprobante fiscal de un pago realizado que describe el costo del producto vendido o servicio prestado y el cual desglosa los impuestos aplicados. Se trata de un archivo en formato XML que cumple los estándares definidos por el SAT. Aún conocido como factura electrónica, el CFDI o Comprobante Fiscal Digital por internet es un documento con validez legal que cuenta con un identificador exclusivo. Un CFDI válido requiere:

- Apegarse a las especificaciones del Servicio de Administración Tributaria.
- Generarse, transmitirse y resguardarse por vía electrónica.
- Ser timbrado por un Proveedor Autorizado de Certificación (PAC).

XML

Es un tipo de archivo con un lenguaje específico para ser leído por la web. Paralelamente al XML, la factura puede acompañarse por un archivo PDF para contener la misma información en texto "común" (legible al usuario).

Pero es en el archivo XML donde se encuentran todos los elementos del comprobante y él mismo funge como el comprobante fiscal. Este documento digital es el que debe resguardarse por el periodo indicado por las autoridades hacendarias para fines de auditorías y clarificaciones.

Se caracteriza por una cadena y sello único, además de guardar la hora en que se realizó. Una vez generado el archivo, no puede modificarse debido a esa cadena y sellado.

RESICO (RSC)

Régimen Simplificado de Confianza (SAT,2022)

Contribuyente

Persona física o moral obligada al pago de contribuciones, de conformidad con las leyes fiscales vigentes (SAT, 2022).

Impuesto sobre la renta (ISR)

Contribución que grava los ingresos de las personas físicas o morales residentes en el país, así como de las personas residentes en el extranjero por los ingresos atribuibles a sus establecimientos permanentes ubicados en territorio nacional o aquéllos que proceden de fuente de riqueza ubicada en el país (SAT, 2022).

Ley de Ingresos de la Federación

Ley expedida anualmente por el Congreso de la Unión que establece los ingresos del Gobierno Federal que deberán recaudarse por concepto de contribuciones y sus accesorios, productos, aprovechamientos, ingresos obtenidos por los organismos descentralizados y las empresas de participación paraestatal, así como ingresos derivados de financiamientos (SAT, 2022).

Persona Física

Es el hombre o mujer sujeto de derechos y obligaciones (SAT, 2022).

Persona Moral

Son las entidades reconocidas por ley como sujetos de derechos y obligaciones. Suelen ser creadas por un grupo de personas que se unen con un fin determinado, como las sociedades mercantiles, las asociaciones y sociedades civiles (SAT, 2022).

II. PRODUCTORES DE LA REGIÓN CENTRO SUR DEL ESTADO DE CHIHUAHUA Y SUS CARACTERÍSTICAS.

En este capítulo II, se analiza las características socioeconómicas y fiscales de los productores agrícolas de la región centro-sur de Chihuahua (municipios de Delicias, Rosales y Lázaro Cárdenas, en Meoqui), enfocándose en pequeños productores de nuez pecanera con facturación menor a \$900,000 anuales. Así como La investigación se desarrolla en módulos de riego específicos (números 4, 6 y 7), combinando metodologías cualitativas y cuantitativas. Se recaba información para el análisis comparativo entre el antiguo régimen AGAPES (derogado en 2022) y el nuevo Régimen Simplificado de Confianza (RESICO), destacando cambios en obligaciones fiscales, que se analizan en el capítulo IV.

La población de estudio abarca 22 contadores de Delicias que asesoran a productores, así como agricultores bajo criterios de escala reducida. Mediante técnicas como el análisis documental de leyes (ej. artículo 74 de la LISR) y entrevistas a expertos fiscales (método "bola de nieve"), se evalúan las implicaciones de la reforma fiscal 2022. El estudio identifica que el RESICO impone mayores restricciones, como la obligación de comprobar gastos con CFDI y límites reducidos para exenciones del ISR, lo que afecta la viabilidad de microempresas agropecuarias.

La investigación busca medir el impacto socioeconómico de estos cambios en una región clave para la producción de nuez pecanera (62% a nivel nacional), aportando evidencia para políticas públicas que equilibren recaudación fiscal y desarrollo rural comunitario.

Por José Javier Hermosillo Nieto, Jorge Alberto Sánchez Bernal

CONTENIDO DEL CAPÍTULO

1. Microlocalización del estudio
2. Características de la población objeto del estudio
3. Técnicas elegidas para integrar información sobre los beneficios fiscales del régimen anterior a la reforma para los productores agropecuarios.

La investigación se realizó en una parte de la región centro-sur del Estado de Chihuahua, entendida aquella que integra a los municipios de Delicias, Rosales y Meoqui del Estado de Chihuahua, con coordenadas geográficas:

- Delicias: Se localiza en la latitud Norte 28°11" y longitud Oeste 105°28" a una altitud de 1,170 metros sobre el nivel del mar.

- Lázaro Cárdenas – Municipio de Meoqui: Localizado en la latitud 28°23′23″N, longitud 105°37′25″O y a una altitud de 1,200 metros. Se encuentra a unos 20 kilómetros al Noroeste de la ciudad de Meoqui, la cabecera municipal.

- Rosales: Localizado en 28° 11' latitud Norte del Trópico de Cáncer y entre 106° 33' longitud oeste del meridiano de Greenwich. (Figura 1).

Figura 1. Ubicación de los municipios de Meoqui y Rosales, Chihuahua.

Microlocalización.

La investigación se realizó en los municipios de Delicias y Rosales, así como en la localidad de Lázaro Cárdenas, perteneciente al municipio de Meoqui. Seleccionándose como unidades de análisis los módulos de riego: número cuatro, seis y siete, respectivamente. La población en estudio estará conformada por veintidós contadores de la ciudad de Delicias, que brindan asesoría fiscal a productores agrícolas.

Características de la población del estudio.

Chihuahua, conocido por su clima desértico, presenta una diversidad agrícola destacada. Entre sus cultivos más importantes se encuentran:

Maíz: Cultivado principalmente por productores menonitas en la región conocida como "Los Cienes", con rendimientos de hasta 14 toneladas por hectárea y una producción anual de aproximadamente 400,000 toneladas.

Nuez: El estado lidera la producción de nuez en México, con el municipio de Camargo como principal productor. En 2009, Camargo registró una superficie sembrada de 4,385 ha.

Chile (Chipotle): con una producción anual superior a 10,000 ton.

Algodón: Chihuahua se destaca también en la producción de algodón, contribuyendo significativamente al mercado nacional ((Gobierno del Estado de Chihuahua, 2024).

De acuerdo a lo anterior el sector agrícola de Chihuahua, en términos de su PIB, representó el 3.9% del total nacional en 2023 (INEGI, 2023).

Chihuahua presenta una agrícola variada que responde a sus condiciones geográficas y climáticas. Desde la agricultura intensiva en los valles fértiles hasta la producción forrajera en las áreas más áridas. La producción de nuez pecanera es uno de los productos emblemáticos del Estado que refleja la importancia en los mercados nacionales y globales.

La población de estudio de este trabajo de investigación corresponde a lo siguiente:

- Padrón de usuarios del módulo de riego número cuatro del municipio de Delicias con un límite de cinco hectáreas en producción de nuez pecanera.

- Población de veintidós contadores de la Cd. de Delicias Chihuahua.

- Productores agrícolas de los módulos de riego número cuatro, seis y siete, ubicados en las ciudades de Delicias, Rosales y en la localidad de Lázaro Cárdenas del municipio de Meoqui con una delimitación de menos de $ 900,000.00 (Novecientos mil pesos) facturados.

Proceso para integrar información sobre los beneficios fiscales del régimen anteriores a la reforma para los productores agropecuarios.

Para la realización de la investigación sobre los aspectos teóricos y legales de la reforma 2022, se examinó el artículo 74 de la Ley del ISR, en el cual se derogo la fracción III que contemplaba el régimen de actividades agrícolas, ganaderas, silvícolas y pesca (AGAPES).

De igual manera se estudiaron las antiguas facilidades fiscales y administrativas comparándolas con las limitantes y nuevas facilidades que ofrece el RESICO.

Como punto final, se desarrolló un análisis entre el régimen de AGAPES y de RESICO, se elaboraron tablas comparativas aplicando las limitantes y mostrando las variaciones entre ambos supuestos. (Hernández Sampieri, Fernández Collado, & Baptista Lucio, 2014). Para la investigación descriptiva del presente estudio se desarrolló con la metodología de Bernal (2016) y cualitativa ya que busca la medición de un fenómeno social partiendo de un marco conceptual (Jaramillo, 2016). Durante esta fase de la investigación de las técnicas de recolección de información fueron:

- El análisis documental de leyes, reformas y facilidades administrativas aplicables al AGAPE.

- Y a través de la técnica de la bola de nieve para la realización de entrevistas individuales a contadores y abogados fiscalistas especializados en el tema.

III. METODO DE RECOLECCION DE INFORMACION PARA LA REFORMA EN ESTUDIO EN LOS PEQUEÑOS PRODUCTORES DE NUEZ PARA EL 2023.

En el capítulo III, se describen los criterios metodológicos realizados para analizar los efectos de la reforma fiscal 2022 en pequeños productores de nuez pecanera de la región centro-sur de Chihuahua (Delicias, Rosales y Lázaro Cárdenas), enfocándose en aquellos con menos de 5 hectáreas de cultivo. La investigación, de carácter exploratorio, combina métodos cuantitativos y cualitativos: encuestas basadas en la metodología de Malhotra (2019), paneles grupales con productores (siguiendo a Sanjuan, 2019) y entrevistas a 22 contadores y abogados fiscalistas. Los datos primarios se recolectaron mediante cuestionarios autoadministrados (en línea y presenciales) y dinámicas de discusión, mientras que las fuentes secundarias incluyeron legislación fiscal, tesis y publicaciones oficiales.

El proceso metodológico abarcó las etapas de definición del problema, diseño de investigación, recolección de datos, análisis con SPSS 25, y elaboración de informes. Los paneles grupales permitieron explorar la percepción de los agricultores sobre la reforma, destacando desafíos como el aumento de obligaciones fiscales y la reducción de exenciones bajo el RESICO. Además, se empleó muestreo por "bola de nieve" para acceder a participantes y garantizar representatividad.

La información obtenida permite medir el impacto socioeconómico de la eliminación del régimen AGAPES y la transición al RESICO, aportando evidencia para políticas públicas que equilibren recaudación y sostenibilidad rural comunitaria. Su relevancia radica en abordar un vacío en la literatura, dado el peso económico de la nuez pecanera en Chihuahua (62% de la producción nacional).

Por José Eduardo Magaña Magaña

CONTENIDO DEL CAPÍTULO

1. Identificación de productores agrícolas de nuez
2. Pasos metodológicos para la recolección de información
3. Paneles grupales
4. Aplicación de instrumento de información y proceso en SPSS 25.

1.- Para llevar a cabo estudio de los efectos de la reforma fiscal en la declaración 2023 correspondiente al ejercicio 2022, fue necesaria la actualización del padrón de los usuarios del Módulo Cuatro de la ciudad de Delicias, Chihuahua, e identificar a aquellos que son productores de nuez pecanera, específicamente en aquellos usuarios que se dedican a la producción de nuez pecanera y se delimito la muestra, seleccionando solo a aquellos con un máximo de cinco hectáreas sembradas. La investigación es de tipo exploratorio y el instrumento de recolección de datos fue una encuesta con la metodología de Malhotra (2019) para la investigación de mercados.

El proceso incluyó los siguientes pasos:

- Paso 1: Definición del problema.
- Paso 2: Desarrollo del enfoque del problema.
- Paso 3: Formulación del diseño de investigación.
- Paso 4: Trabajo de campo o recopilación de datos.
- Paso 5: Preparación y análisis de datos.
- Paso 6: Elaboración y presentación del informe.

2.- Exploración de la opinión de veintidós contadores con la finalidad de realizar una investigación de 360°. La técnica utilizada para recoger los datos fue el cuestionario autoadministrado, el cual se realizó tanto en línea a través de la plataforma Google Forms, así como de manera presencial.

3.- Paneles grupales a los productores para un diagnóstico sobre el conocimiento de la reforma fiscal.

Con el propósito de conocer y analizar los efectos de la reforma fiscal 2022 en los agricultores desde su propia experiencia y opinión, se empleó una metodología cualitativa basada en la realización de dos paneles de información y discusión con la participación activa de pequeños productores agrícolas.

Siguiendo la metodología de Sanjuan (2019), los pasos seguidos para desarrollar los paneles fueron los siguientes:

1. Elección del moderador.
2. Elección de los participantes.
3. Elaboración del guión del grupo de discusión.
4. Dinámica del grupo de discusión: inicio.
5. Dinámica del grupo de discusión: desarrollo.
6. Actitud y técnicas del moderador.
7. Registro del grupo de discusión.
8. Transcripción de los grupos de discusión.

Se aplicaron los cuestionarios a veintidós pequeños productores de nuez en parte de la región centro-sur especificada anteriormente, con el método de muestreo por bola de nieve. La información obtenida fue procesada mediante técnicas estadísticas descriptivas e inferenciales con el apoyo del software SPSS 25.

Las fuentes de información fueron primarias y secundarias. Las primarias en base a la aplicación de cuestionarios y entrevistas a productores, contadores y abogados fiscalistas, las secundarias por información publicada libros, tesis, el Diario Oficial de la Federación, el portal de internet del Servicio de Administración Tributaria, misceláneas fiscales, prontuarios fiscales y revistas de contabilidad.

IV. BENEFICIOS FISCALES DE ACTIVIDADES AGRÍCOLAS, GANADERAS, SILVÍCOLAS Y PESQUERAS AGAPE.

En este capítulo IV, se analiza los principales cambios en los beneficios fiscales para el sector primario (AGAPES) tras la reforma fiscal de 2022 en México, que derogó el régimen especial del artículo 74 de la LISR e implementó el Régimen Simplificado de Confianza (RESICO). Bajo este régimen, se redujo la exención autorizada del ISR de \$1,300,000 a \$900,000 anuales y se introdujeron nuevas restricciones, como la prohibición de pertenecer a sociedades anónimas o cajas de ahorro, y la obligatoriedad de presentar declaración anual, hasta el momento. Además, los ingresos superiores a \$3.5 millones obligan a tributar bajo el régimen empresarial general, sin beneficios fiscales.

El análisis se centra en productores de nuez pecanera del módulo cuatro de Delicias, Chihuahua, seleccionando a 41 agricultores con menos de cinco hectáreas. Mediante la información obtenida a través cuestionarios y entrevistas a los actores involucrados se evalúa el impacto de la reforma fiscal 2022 en los pequeños productores, quienes históricamente se beneficiaban de exenciones.

La investigación destaca que el RESICO, aunque simplifica obligaciones contables, incrementa cargas fiscales y limita accesos a estímulos, afectando la viabilidad económica de microempresas agropecuarias.

Se destaca la necesidad de políticas que equilibren la recaudación y apoyo al sector primario, importante para la seguridad alimentaria y empleo rural. Asimismo, se observa limitados estudios sobre transiciones fiscales en el sector agrícolas, por lo que se aportan datos relevantes convenientes a considerar para futuras reformas.

Por Fabiola Iveth Ortega Montes

CONTENIDO DEL CAPÍTULO

1. Análisis de la reforma fiscal para el ejercicio 2022.

2. Comparación de régimen AGAPE y Régimen simplificado de Confianza (RESICO).

3. Derogación la posibilidad de tributar conforme articulo 74 LISR.

4. Consideraciones de la entrada en vigor del nuevo Régimen Simplificado de Confianza.

5. Comparación entre regímenes fiscales 2022, empresarial y AGAPE

beneficios fiscales del 2022 y anteriores.

6. Padrón de usuarios por módulo agrícola de nuez.

7. Consideraciones.

La reforma fiscal para el ejercicio 2022, estableció la eliminación de la fracción III del artículo 74 de la Ley del ISR, la cual amparaba el régimen fiscal de las actividades agrícolas, ganaderas, silvícolas y pesqueras también conocido como sector primario o como AGAPES. El nuevo régimen que entró en vigor el 1 de enero del año 2022, implantó un régimen de tributación basado en la confianza, mismo que en teoría, posee por objeto la simplificación de obligaciones contables para las personas físicas, en este caso con actividades agrícolas, ganaderas, silvícolas o pesqueras, otorgándoles facilidades administrativas y tasas bajas de ISR de entre 1% y 2.5 siempre y cuando no se exceda de $3,500,00.00. Aquí los requisitos mínimos para cada uno de los regímenes fiscales analizados.

COMPARACIÓN DE RÉGIMEN	AGAPE	RESICO
EXENCIÓN DE ISR	**$1,300,000.00**	**$900,000.00**
INGRESOS POR SALARIOS	**SI**	**NO**
PERTENECER A UNA SOC. ANÓNIMA	**SI**	**NO**
PERTECER A CAJAS DE AHORRO	**SI**	**NO**
DECLARACIÓN ANUAL	**NO**	**SI**
PERSONAS FÍSICAS Y MORALES	**SI**	**NO**

Tabla 1. Comparación entre regímenes fiscales 2022 y anterior.

Pero considerando con la entrada de este nuevo régimen la fracción III es la que sufrió las modificaciones, ya que se derogo la posibilidad de tributar conforme articulo 74 LISR, esto quiere decir que las personas físicas ya no van a poder pertenecer a este régimen del sector primario del Capítulo VIII de la Ley del Impuesto Sobre la Renta.

Por otro lado, las personas físicas con actividades del sector primario podrán tributar bajo el régimen simplificado de confianza (RESICO), obteniendo así ingresos exentos hasta por la cantidad de 900 mil pesos durante el ejercicio fiscal, por el excedente pagarán el impuesto conforme al régimen fiscal. En los casos donde el ingreso sea superior a 3.5 millones de pesos, deberán tributar bajo el régimen de personas físicas con actividad empresarial, quedando así sin estímulos o beneficios fiscales.

Régimen	Régimen Simplificado de Confianza (entra en vigor en 2022)	Régimen de Persona Física con Actividad Profesional (ya existía)	Régimen AGAPES (Actividades agrícolas, agropecuarias, ganaderas, silvícolas o pesqueras)
Ingresos	$100,000.00	$100,000.00	$100,000.00
Deducciones	No le aplica	$40,000.00	$40,000.00
Utilidad	$100,000.00	$60,000.00	$60,000.00
Limite Inferior		$58,922.17	
Excedente del Limite Inferior	No le aplica	$1,077.83	
Tasa	2%	6.40%	
Impuesto Marginal	No le aplica	$68.98	
Cuenta Fija	No le aplica	$3,460.01	
IMPORTE	$2,000.00	$3,528.99	No paga impuestos de sus ingresos, se

Tabla 2. Comparación entre regímenes fiscales 2022 y anterior.

La mayoría de estas personas físicas dedicadas a las actividades primarias no pagaban el impuesto sobre la renta por los ingresos provenientes de dichas actividades, puesto que la ley les otorgaba diversos beneficios fiscales.

PRODUCTOR	CULTIVO	SUPERFICIE
1	NOGAL (NUEZ)	2
2	NOGAL (NUEZ)	7.65
3	NOGAL (NUEZ)	22.03
4	NOGAL (NUEZ)	8
5	NOGAL (NUEZ)	5.46
6	NOGAL (NUEZ)	1
7	NOGAL (NUEZ)	0.45
8	NOGAL (NUEZ)	9.72
9	NOGAL (NUEZ)	0.5
10	NOGAL (NUEZ)	10
11	NOGAL (NUEZ)	0.73
12	NOGAL (NUEZ)	10
13	NOGAL (NUEZ)	11.9
14	NOGAL (NUEZ)	6
15	NOGAL (NUEZ)	1.43
16	NOGAL (NUEZ)	2
17	NOGAL (NUEZ)	13.5
18	NOGAL (NUEZ)	5
19	NOGAL (NUEZ)	6.97
20	NOGAL (NUEZ)	0.26
21	NOGAL (NUEZ)	22.8
22	NOGAL (NUEZ)	1
23	NOGAL (NUEZ)	1
24	NOGAL (NUEZ)	73.2

Tabla 3. Padrón de usuarios productores de nuez del Módulo Cuatro de la Cd. de Delicias...

PRODUCTOR	CULTIVO	SUPERFICIE
25	NOGAL (NUEZ)	27.4
26	NOGAL (NUEZ)	5
27	NOGAL (NUEZ)	3.55
28	NOGAL (NUEZ)	5
29	NOGAL (NUEZ)	2.57
30	NOGAL (NUEZ)	0.75
31	NOGAL (NUEZ)	3
32	NOGAL (NUEZ)	94.37
33	NOGAL (NUEZ)	20
34	NOGAL (NUEZ)	3
35	NOGAL (NUEZ)	0.5
36	NOGAL (NUEZ)	11.46
37	NOGAL (NUEZ)	11.5
38	NOGAL (NUEZ)	3.83
39	NOGAL (NUEZ)	7

PRODUCTOR	CULTIVO	SUPERFICIE
40	NOGAL (NUEZ)	2.9
41	NOGAL (NUEZ)	2
42	NOGAL (NUEZ)	17.71
43	NOGAL (NUEZ)	6
44	NOGAL (NUEZ)	1.63
45	NOGAL (NUEZ)	1.5
46	NOGAL (NUEZ)	2.5
47	NOGAL (NUEZ)	4.55
48	NOGAL (NUEZ)	18.55
49	NOGAL (NUEZ)	115.15
50	NOGAL (NUEZ)	1.5
51	NOGAL (NUEZ)	1
52	NOGAL (NUEZ)	2.21
53	NOGAL (NUEZ)	3.2
54	NOGAL (NUEZ)	2

Tabla 3 . Padrón de usuarios productores de nuez del Módulo Cuatro de la Cd. de Delicias.

PRODUCTOR	CULTIVO	SUPERFICIE
55	NOGAL (NUEZ)	3.7
56	NOGAL (NUEZ)	5
57	NOGAL (NUEZ)	1.3
58	NOGAL (NUEZ)	4.4
59	NOGAL (NUEZ)	0.5
60	NOGAL (NUEZ)	2.21
61	NOGAL (NUEZ)	1.65
62	NOGAL (NUEZ)	0.73
63	NOGAL (NUEZ)	84.35
64	NOGAL (NUEZ)	3.5
65	NOGAL (NUEZ)	2.67
66	NOGAL (NUEZ)	6
67	NOGAL (NUEZ)	2.73
68	NOGAL (NUEZ)	2.99
69	NOGAL (NUEZ)	19.31

PRODUCTOR	CULTIVO	SUPERFICIE
70	NOGAL (NUEZ)	2.3
71	NOGAL (NUEZ)	3
72	NOGAL (NUEZ)	0.5
73	NOGAL (NUEZ)	1
74	NOGAL (NUEZ)	2
75	NOGAL (NUEZ)	20
76	NOGAL (NUEZ)	7.3
77	NOGAL (NUEZ)	2
78	NOGAL (NUEZ)	2.7
79	NOGAL (NUEZ)	5.32
80	NOGAL (NUEZ)	2.71
81	NOGAL (NUEZ)	1
82	NOGAL (NUEZ)	5.8
83	NOGAL (NUEZ)	5.86
84	NOGAL (NUEZ)	19.22

Tabla 3 . Padrón de usuarios productores de nuez del Módulo Cuatro de la Cd. de Delicias.

PRODUCTOR	CULTIVO	SUPERFICIE
85	NOGAL (NUEZ)	6.97
86	NOGAL (NUEZ)	2
87	NOGAL (NUEZ)	2.22
88	NOGAL (NUEZ)	0.27
89	NOGAL (NUEZ)	0.5
90	NOGAL (NUEZ)	6.75
91	NOGAL (NUEZ)	39.94
92	NOGAL (NUEZ)	1.85
93	NOGAL (NUEZ)	6.3
94	NOGAL (NUEZ)	2
	TOTAL	478.87

Tabla 3 . Padrón de usuarios productores de nuez del Módulo Cuatro de la Cd. de Delicias.

Una vez que el padrón fue actualizado y se determinó que el módulo cuatro de la Cd. de Delicias contaba con noventa y cuatro usuarios dedicados al cultivo del nogal, se redujo el número, eligiendo solamente a cuarenta y un productores, los cuales cuentan con cinco o menos hectáreas sembradas de nuez pecanera, se aplicó el cuestionario a veintidós elegidos al azar, siguiendo la técnica de bola de nieve.

Consideraciones

De acuerdo a la importancia que desempeña la agricultura para el desarrollo económico del País, la destacada participación de la producción de nuez pecanera en el estado de Chihuahua y considerando que la recaudación fiscal, a través del pago de impuestos, es el motor que impulsa este desarrollo, es necesario que exista asociación entre la cultura tributaria, el flujo de efectivo proveniente de esa recaudación y la actividad agrícola. En este contexto, durante varios años, los legisladores y las autoridades fiscales han otorgado diversos beneficios fiscales a este sector (Pérez, 2016). Sin embargo, la nueva reforma fiscal 2022 afecta a los pequeños productores agrícolas de las ciudades de Delicias, Rosales y Lázaro Cárdenas.

La eliminación del régimen de AGAPES ha suprimido facilidades anteriormente disponibles, como la posibilidad de registrar gastos sin comprobantes fiscales digitales por Internet (CFDI) y aplicar retenciones de nómina con porcentajes reducidos. Además, el nuevo Régimen Simplificado de Confianza (RESICO) establece restricciones que impactan directamente en la estructura empresarial de los productores. Por ejemplo, este régimen impide que los contribuyentes sean socios o accionistas de personas morales, incluyendo sociedades cooperativas de ahorro y préstamo o cajas de ahorro, limitando su acceso a ciertos estímulos fiscales (GOB.MX, 2023).

Asimismo, el RESICO condiciona la permanencia en el régimen a no recibir ingresos asimilados a salarios, no percibir pensiones y no pertenecer a cajas de ahorro y préstamo. De lo contrario, los productores serían trasladados al régimen de actividades empresariales, lo que podría implicar una carga fiscal mayor y mayores complejidades administrativas (SAT, 2023).

Por lo anteriormente expuesto, es necesario dar seguimiento al análisis económico y tributario de los efectos que la reforma fiscal 2022 tendrá en un futuro sobre los ingresos de los pequeños productores agrícolas. Continuar con este análisis de evaluación permitirá comprender de manera más clara los efectos o implicaciones fiscales en el sector agropecuario, y permitirá identificar áreas de oportunidad para proponer estrategias que fortalezcan su desarrollo económico, iniciando con capacitación e información a los productores. Este esfuerzo representará una valiosa contribución al entendimiento y mejora de las condiciones fiscales de los pequeños productores agrícolas de la región.

V. RESULTADOS.

Opinión de los productores de nuez del módulo cuatro.

Se aplicó una entrevista a veintidós usuarios del módulo de riego número cuatro mediante la técnica de bola de nieve, obteniendo los siguientes resultados: Dentro de los 22 productores de nuez encuestados, solo el 27.27 % correspondía a aquellos que poseían menos de 1 Ha. sembrada, siendo el 72.3% los que tenían de 1 a 5 Ha, de nogal.

El 55.5 % de los encuestados en el módulo de riego número cuatro de Delicias no sobrepasan los ingresos de $ 900,000.00 que se tienen como tope para la exención del ISR de la Reforma 2022, se permite usar el dato del 4.5% de los productores de nuez debido a que estos se encuentran dentro del antiguo limite que permitía el régimen de AGAPE para personas físicas. La gráfica permite apreciar que solo al 72.73% de los productores de nuez del módulo cuatro se encuentra dado de alta ante el SAT, mostrando que un 27.27 % opta por la informalidad.

Productores de nogal que presentan declaración fiscal.

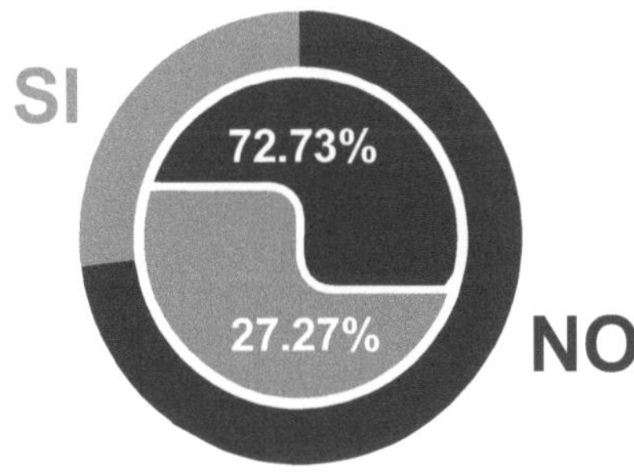

Figura 2. Nogaleros del módulo de riego número cuatro dados de alta en el SAT.

Observando los resultados obtenidos en este cuestionamiento, podemos deducir que con solo un 9.09 % de los encuestados conocían la reforma, es decir el productor agrario no tiene la información necesaria de su situación fiscal, beneficios y obligaciones fiscales, por lo tanto, solo el 81.82 % de los encuestados pertenecen a una asociación rural.

Con el condicionamiento de esta reforma, un 63.64 % de los encuestados en el módulo de riego cuatro de la Cd. de Delicias consideran que el no poder pertenecer a una asociación rural afectara el desempeño de su actividad.

De los veintidós productores de nuez encuestados del módulo cuatro solo el 9.09% pertenece a una sociedad anónima.

Contrastando con la pregunta anterior más de la mitad de los encuestados pertenecen a una caja de ahorro o préstamo, es decir el 59.0 % cuenta con este elemento negativo que ya no se le permitirá debido a que es una de las condicionantes de esta reforma sobre el Régimen de Confianza.

Otra limitante para el productor es la percepción de sueldos y salarios, en el que solo el 27.73% percibe estos ingresos, por lo que un 72.27% tiene la oportunidad de cumplir con el requisito de no trabajar con el que se condicional al pequeño productor para seguir tributando en el RESICO y no verse obligado a pasar al régimen fiscal de actividades profesionales.

La reforma reducirá el margen de utilidad de su actividad.

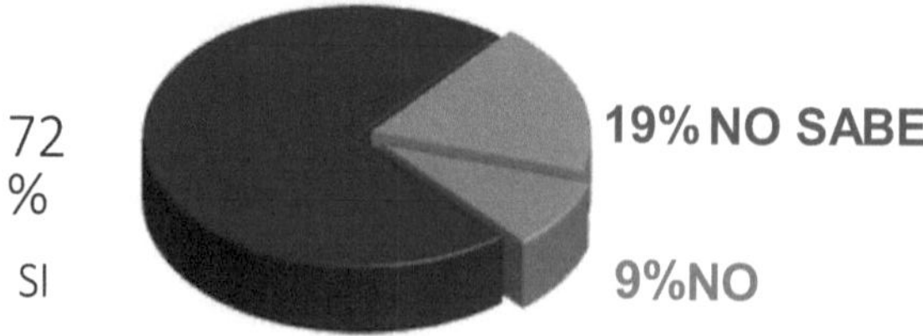

Figura 3. Opinión del pequeño productor de nuez y el incremento de los costos de su actividad respecto a la reforma.

Pese al poco conocimiento que los pequeños productores de la nuez del módulo cuatro de la Cd. de Delicias poseen respecto a la reforma fiscal 2022, el 72.73% de los encuestados consideran que la reforma fiscal encarecería su actividad.

Cuenta con asesor contable para su actividad.

Figura 4. Recibe una asesoría contable y fiscal.

Solo el 63.64% de los encuestados afirmo contar con asesoría contable y fiscal, mientras que el 36.36% no la tenía, y el 100 % de los encuestados, le gustaría algún curso contable o fiscal.

Efectos de la reforma fiscal según la opinión de los profesionistas en contabilidad.

De acuerdo a la opinión del contador como experto en el tema contable, este considera que un 36% de los pequeños productores contribuyentes no conoce sobre la reforma y/o que únicamente ha escuchado hablar de ella y solo una tercera parte menciona que el contribuyente se ha dirigido a este, para conocer respecto al tema.

El productor conoce la reforma fiscal 2022.

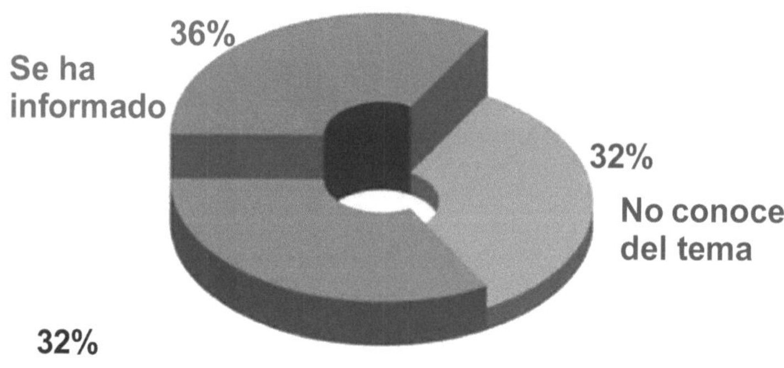

Figura 5. Percepción del contador acerca del conocimiento del pequeño productor respecto a la reforma.

El 87 % de los profesionales cuentan con clientes que entran dentro del perfil de actividades del sector agrario que tuvieron que cambiar de régimen a RESICO.

Clientes que migraron al nuevo régimen fiscal.

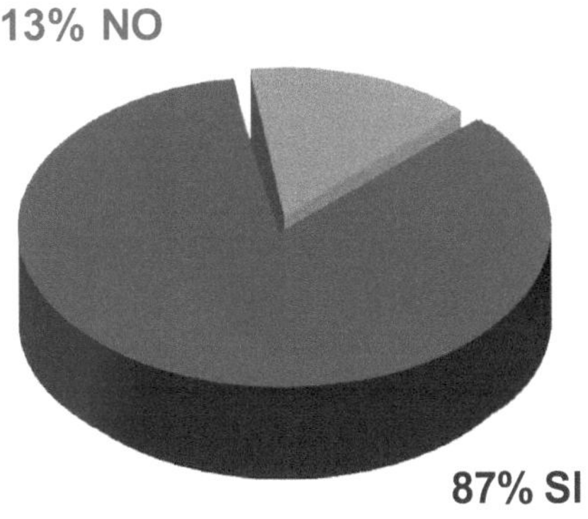

Figura 6. Cartera de clientes con productores que migraron a RESICO.

El 82% de los profesionales encuestados consideran que sus clientes no facturan el 100% de sus ventas, optando por la informalidad para evitar el pago de impuestos.

Al contrario de la opinión del pequeño productor de nogal, el contador considera en su experiencia, que al no pertenecer los productores a una sociedad moral afectara su actividad. De igual forma el contador opina desde su perspectiva que en un 63.64% que el no poder pertenecer a una caja de ahorro y préstamo, afecta al contribuyente pues esta es una de las condicionantes del régimen de confianza y lo hace migrar al de actividades empresariales. Así mismo el 59.9% de los profesionales contables, menciona que al percibir ingresos por sueldos y salarios el pequeño productor condiciona y afecta su actividad agropecuaria.

La reforma fiscal encarecerá la actividad de los productores.

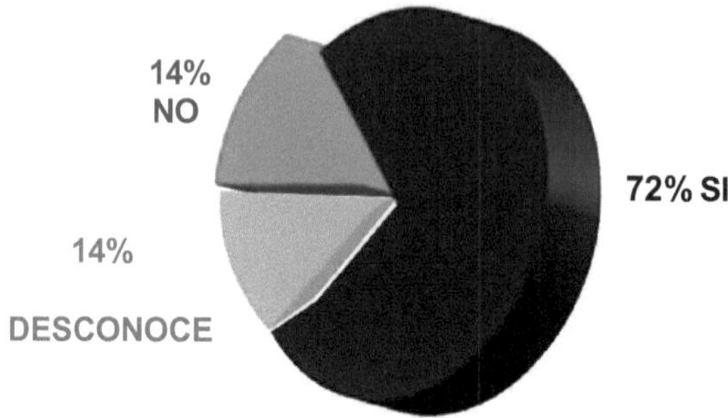

Figura 7. Percepción del contador acerca del conocimiento del pequeño productor respecto a la reforma.

El 86% de los profesionales encuestados poseen contribuyentes que hayan cumplido alguna de las condicionantes establecidas por el régimen de confianza, haciéndolo cruzar al régimen de actividades, lo que representa costos y aumento de carga administrativa y fiscal para el contribuyente.

La reforma fiscal encarecerá la actividad de los productores.

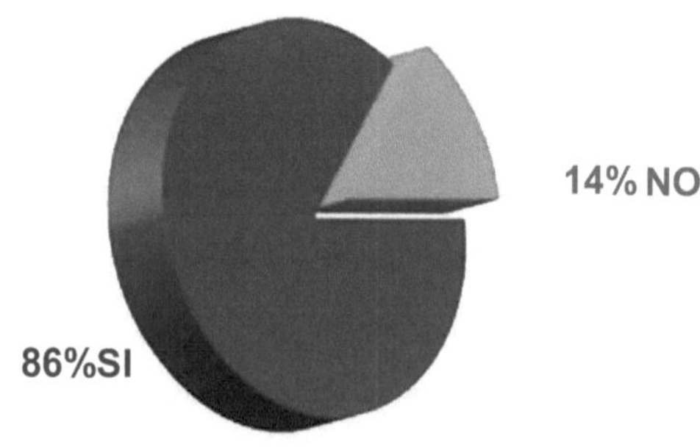

Figura 8. Cartera de los clientes del contador en RESICO.

Eliminación de AGAPES que tanto afecta para pasar a RESICO.

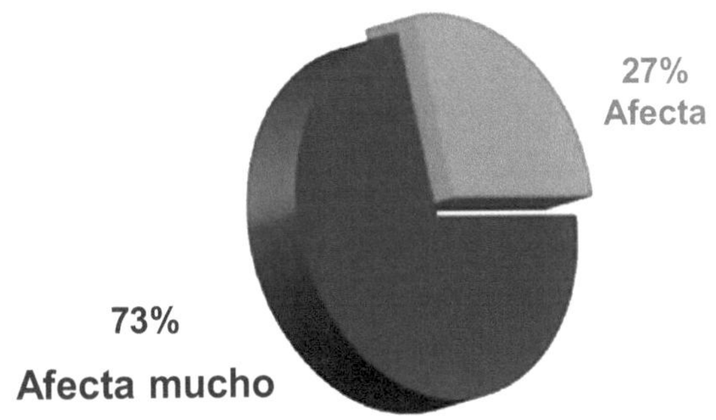

Figura 9. Opinión de contador en el cambio de régimen fiscal.

El 100% de los encuestados consideraron que la limitación del régimen de AGAPES para que las personas físicas tributen y tengan que optar por el RESICO, afecta con un 73% y afecta mucho con un 27%.

Aumento en la carga administrativa con el RESICO para el productor

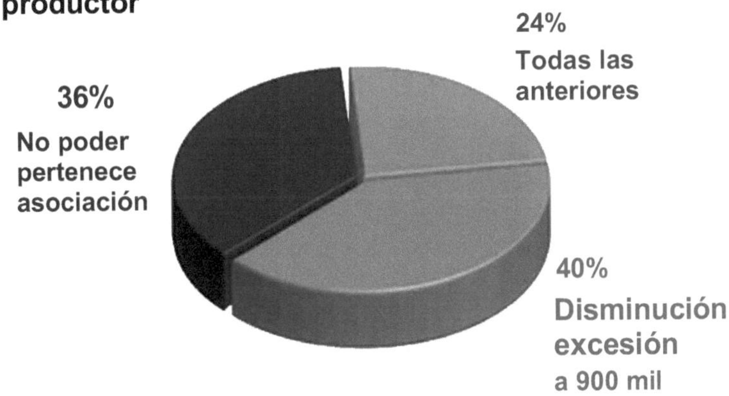

Figura 10. Opinión del contador respecto al encarecimiento de la actividad del productor a raíz de la reforma.

En la experiencia del contador, este considera que la reforma fiscal 2022 si encarecerá la actividad del pequeño productor debido a las limitantes y el aumento en la carga administrativa y obligaciones del RESICO. Por lo tanto, un 40.96% considera que una mayor afectación al pequeño productor es la disminución de la exención y un 36.36% para todas las limitantes.

Características de dos grupos de productores agrícolas obtenidas de los paneles de consulta realizados.

Se realizaron dos paneles de información y discusión, en los módulos seis y siete de riego en las ciudades de Rosales y Lázaro Cárdenas en el municipio de Meoqui observándose los resultados en la siguiente tabla.

Tabla 4. Indicadores de dos grupos de productores agrícolas.

Características observada	Módulo ((Rosales, Chih %)	Módulo (Lázaro Cárdenas, Chih %)
Desconocen la Reforma Fisca	62.3	62.5
Alta en el SA	68.3	68.3
Conocimiento Régimen RESIC	6	5
Conocimiento Régimen AGAP	6	3
Desconocimiento Régimen de Confianza	6	6
Desconocimiento Beneficio de Régimen de Confianza	87.5	56.2

Características observadas	Módulo 6 (Rosales, Chih.) %	Módulo 7 (Lázaro Cárdenas, Chih.) %
Pertenecen a una Asociación	50	50
No afecta el pertenecen a una asociación	37.50	18.35
Perjudica percibir ingresos por salarios	81.25	62.50
Perjudica el pertenecer a una caja de ahorro	68.75	50
Perjudica la reducción de la exención	75	50
Considera negativo el cambio de Régimen AGAPE a RESICO	56.25	87.50
La reforma encarecerá la actividad de los productores	93.50	7
El productor cuenta con asesoría contable y fiscal	81.25	50
Les perjudicará pasar al nuevo régimen fiscal	93.50	75
Considera que la reforma encarecerá se actividad	93.50	75
Se incluiría a un curso de temas fiscales	50	81.25

VI. CONCLUSIONES.

El análisis documental desarrollado para elaborar una comparación entre ambos regímenes demostró que la simplificación de obligaciones para el régimen agrícola no es favorable para los contribuyentes que pertenecen a ese régimen. Fue un cambio muy drástico en el incremento del pago de sus impuestos y la pérdida de sus antiguas facilidades administrativas. Si bien es cierto que el antiguo AGAPE era equiparable al régimen de incorporación fiscal, aplicable a los arrendamientos, comercio y prestación de servicios, las actividades agrícolas no ingresaron paulatinamente a la tributación de un impuesto como lo es el ISR. En este caso, el contribuyente debe cambiar abruptamente a un régimen si hace algo tan simple como pertenecer a una caja de ahorro o simplemente trabajar.

En el estudio preliminar a la declaración 2023 del ejercicio 2022, se puede encontrar que los pequeños productores de nuez del módulo número cuatro de la Cd. de Delicias, desconocían casi por completo la información necesaria sobre la reforma fiscal 2022, consideraron que la reforma fiscal encarecería su actividad y pese a cualquier realidad o supuesto contable, la desinformación es lo que más daña a estos contribuyentes.

Durante el desarrollo del objetivo enfocado al contador, se encontró que de acuerdo a su experiencias y opinión la reforma fiscal si encarecería la actividad agrícola mediante la reducción de las facilidades administrativas y la simplificación de obligaciones en un sector donde se trabaja bajo flujo de efectivo y muchas de las cuentas fiscales se atañen a cuentas en cajas de ahorro y préstamo.

Los pequeños productores agrícolas en las ciudades de Rosales y Lázaro Cárdenas Chihuahua están desinformados con respecto a su situación fiscal y a las políticas fiscales que rigen su pago de impuestos, así como las facilidades administrativas que el mismo pudiera tener.

Se recomienda que los módulos de riego, al igual que las presidencias municipales desarrollen cursos de actualización fiscal con la finalidad de mantener informados a los productores.

VII. BIBLIOGRAFÍA.

- Romero, R. (2007). Marketing. México D.F.: Editora Palmir E.I.R.L.
- Cámara de Diputados del H. Congreso de la Unión. (2021, 12 de noviembre). Ley del Impuesto Sobre la Renta. Diario Oficial De La Federación.
  - Obtenido de: https://www.diputados.gob.mx/LeyesBiblio/pdf/LISR.pdf
- Colegio de Contadores Públicos. (2015). Tratamiento Fiscal de los AGAPES. Boletín Fiscal. Obtenido de:
  - https://contadormx.com/2016/06/13/tratamiento-fiscal-para- los-agapes-facilidades-obligaciones-y-pagos-provisionales/
- Reyes, N. y Urrea, R. (2016) Retos y oportunidades para el aprovechamiento de la Nuez pecanera en México. Obtenido de:
  - https://ciatej.repositorioinstitucional.mx/jspui/bitstream/1023/399/1/Retos%20y%20oportunidades%20para%20el%20aprovechamiento%20de%20la%20Nuez%20pecanera%20en%20M%c3%a9xico.pdf
- Ley de Ingresos de la Federación. (2020,25 de noviembre). Diario Oficial de la Federación.
- Servicio de Administración Tributaria. (2022). Secretaria de Administración Tributaria. Obtenido de:
  - http://omawww.sat.gob.mx/RegimenSimplificadodeConfianza/Paginas/index.html
- INEGI. (2022) UMA. Obtenido de:
  - https://www.inegi.org.mx/temas/uma/
- Cavazos, M. (2014). Aspectos Fiscales Importantes del Régimen Agropecuario. Fiscoactualidades, 3-16. Obtenido de:
  - https://imcp.org.mx/wp- content/uploads/2014/11/Fiscoactualidades-n%C3%BAm-21.pdf

- Notas Fiscales. (2021). La nueva exención en el ISR para las personas físicas del sector agropecuario. Notas Fiscales. Obtenido de https://notasfiscales.com.mx/la-nueva-exencion-en- el-isr-para-las- personas-fisicas-del-sector-agropecuario/
- Gobierno del Estado de Chihuahua. (2024). Producción agrícola en Chihuahua: Nuez pecanera y otros cultivos. Recuperado de https://www.chihuahua.gob.mx
- Código Fiscal de la Federación [CFF]. (2022). Código Fiscal de la Federación. México: Diario Oficial de la Federación.
- Gobierno de México. (2023). Miscelánea Fiscal 2022. Recuperado de https://www.gob.mx (nota: si tu fuente fue una página específica del gobierno, sería ideal poner el enlace completo)
- Pérez, J. (2016). Beneficios fiscales en el sector agrícola mexicano. México: Fondo de Cultura Económica.
- Servicio de Administración Tributaria (SAT). (2023). Información sobre el Régimen Simplificado de Confianza (RESICO). Recuperado de https://www.sat.gob.mx

A N E X O S

Anexo 1. Encuesta aplicada a Nogaleros del Módulo 4

La presente encuesta tiene como finalidad recolectar información para la investigación del estudio de caso:

EVALUACIÓN ECONÓMICA DE LA REFORMA FISCAL 2022 EN LOS PEQUEÑOS PRODUCTORES DE NUEZ.

Su información es estrictamente confidencial y será utilizada solo con fines escolares.

Nombre:____

Teléfono:____

Correo electrónico:________________________________

1.-¿Cuántas son las Hectáreas de Nogal que tiene sembradas actualmente?

1.- ( ) Menos de una Ha.
2.- ( ) De una a 5 Ha.
3.- ( ) 5 hectáreas
4.- ( ) Mas de 5 Ha.

2.- ¿A cuánto ascienden anualmente sus ingresos por venta de nuez?

1.- ( ) Menor a $ 300,000.00
2.- ( ) Menor a $ 900,000.00
3.- ( ) Mayor a $ 900,000.00

3.- ¿Se encuentra dado de alta ante el SAT (FACTURA SUS VENTAS)?

1.- ( ) Si 2.- ( ) No

4.- ¿Conoce la reforma fiscal que entró en Vigor el pasado 01 de enero de 2022, la cual elimina el régimen de AGAPES, haciéndolo migrar a RESICO e impide que se pertenezca a una asociación rural?

1.- ( ) Conoce el tema a la perfección.
2.- ( ) Ha escuchado hablar de ella.
3.- ( ) Desconoce completamente el tema.

5.- ¿Pertenece a alguna asociación rural?

1.- ( ) Si 2.- ( ) No

6.- ¿Cree usted que el no poder pertenecer a una asociación le afectará en su actividad?

1. ( ) No afecta 2.- ( ) Afecta 3.- ( ) Afecta mucho

7.- ¿Pertenece a alguna sociedad anónima?

1.- ( ) Si 2.- ( ) No

8.- ¿Pertenece a alguna caja de ahorro?

1.- ( ) Si 2.- ( ) No

9.- ¿Recibe ingresos por salarios asimilados?

1.- ( ) Si 2.- ( ) No

10.- ¿Cómo considera la eliminación del régimen de AGAPES y su paso a RESICO?

1.- ( ) No afecta 2.- ( ) Afecta 3.- ( ) Afecta mucho

11.- ¿Considera que la reforma 2022 encarecerá su actividad reduciendo su margen de utilidad?

1.- ( ) Si 2.- ( ) No 3.- ( ) No sabe

11.- ¿Cuál sería la opción a elegir para tratar de no ser afectado por la reforma?

1.- ( ) No facturar todas sus ventas
2.- ( ) Dar de alta en el SAT a un familiar
3.- ( ) No facturar

12.- ¿Actualmente cuenta con Asesoría contable y fiscal?

1.- ( ) Si 2.-( ) No

13.- ¿Le interesaría algún curso, taller o asesoría contable?

1.- ( ) Si 2.- ( ) No

Anexo 1. Encuesta aplicada a contadores de Cd. Delicias, Chihuahua.

La presente encuesta tiene como finalidad recolectar información para la investigación del estudio de caso:

EVALUACIÓN ECONÓMICA DE LA REFORMA FISCAL 2022 EN LOS PEQUEÑOS PRODUCTORES DE NUEZ.

Su información es estrictamente confidencial y será utilizada solo con fines escolares.

Nombre:____

Teléfono:____

Correo electrónico:_____________________________________

Despacho contable y/o asociación a la que pertenece______________

____

1.- ¿Conoce la reforma fiscal que entró en vigor el pasado 01 de enero de 2022, la cual elimina el régimen de AGAPES, haciéndolo migrar a RESICO e impide que se pertenezca a una asociación rural?

1.- ( ) Conoce el tema a la perfección.
2.- ( ) Ha escuchado hablar de ella.
3.- ( ) Desconoce completamente el tema.

2.- ¿De acuerdo a su experiencia, considera que el contribuyente pequeño productor agrícola y/o agropecuario conoce acerca de la reforma fiscal 2022?

1.- ( ) No conoce el tema.
2.- ( ) Ha escuchado hablar de ella.
3.- ( ) Se ha acercado a usted como contador para conocer o informarse del tema.

3.- ¿Cuenta con clientes pequeños productores del sector primario que migraron al RESICO?

1.- ( ) Si

2.- ( ) No

4.-¿Cuál es el rango de los ingresos de sus clientes pertenecientes al sector agrario?

1.- ( ) Menor a $ 300,000.00.
2.- ( ) Menor a $ 900,000.00.
3.- ( ) Mayor a $ 900,000.00.
4.- ( ) Mayoría de los tres puntos.

5.-¿Considera que sus clientes, pequeños productores del sector agrario facturan el 100% de sus ventas?

1.- ( )Si 2.- ( ) No

6.-¿Considera que el no poder pertenecer a una sociedad anónima afectara la actividad de los contribuyentes?

1.- ( ) No afecta.
2.- ( ) Afecta.
3.- ( ) Afecta mucho.

7.-¿Considera que los pequeños contribuyentes del sector agrario son afectados por la limitante de no poder pertenecer a una asociación rural u/o unión de crédito?

1.- ( ) No afecta.
2.- ( ) Afecta.
3.- ( ) Afecta mucho.

8.-¿Considera que afecta al pequeño contribuyente del sector agrario el no poder percibir ingresos por salarios?

1.- ( ) No afecta.
2.- ( ) Afecta.
3.- ( ) Afecta mucho.

9.-¿Dentro de su cartera de clientes se encuentran contribuyentes que hayan tenido que migrar de RESICO al Régimen de Actividades Profesionales por alguno de los supuestos anteriores?

1.- ( ) Si
2.- ( ) No

10.-¿Cómo considera la eliminación del régimen de AGAPES y el subsecuente cambio a RESICO

1.- ( ) No afecta.
2.- ( ) Afecta.
3.- ( ) Afecta mucho.

11.-¿Considera que la reforma 2022 encarecerá la actividad de los pequeños productores agropecuarios, reduciendo su margen de utilidad?

1.- ( ) Si.
2.- ( ) No .
3.- ( ) No sabe.

12.-¿En su opinión cual considera que sería el punto que más afecta al contribuyente?

1.- ( ) La disminución en la exención a $900,000.00.
2.- ( ) El no poder pertenecer a asociaciones, incluyendo cajas de ahorro y préstamo.
3.- ( ) El no poder percibir salarios asimilados.
4.- ( ) Todos.

Anexo 2. Cuestionario de preguntas en paneles de información y discusión.

La presente encuesta tiene como finalidad recolectar información para la investigación del estudio de caso:

EVALUACIÓN ECONÓMICA DE LA REFORMA FISCAL 2022 EN LOS PEQUEÑOS PRODUCTORES DE NUEZ.

Su información es estrictamente confidencial y será utilizada solo con fines escolares.

Nombre:____

Teléfono:____

Correo electrónico:____________________________________

Despacho contable y/o asociación a la que pertenece________________

____

1.- ¿Conoce la reforma fiscal que entró en vigor el pasado 01 de enero de 2022, la cual elimina el régimen de AGAPES, haciéndolo migrar a RESICO e impide que se pertenezca a una asociación rural?

1.- (   ) Conoce el tema a la perfección.
2.- (   ) Ha escuchado hablar de ella.
3.- (   ) Desconoce completamente el tema.

2.- ¿De acuerdo a su experiencia, considera que el contribuyente pequeño productor agrícola y/o agropecuario conoce acerca de la reforma fiscal 2022?

1.- (   ) No conoce el tema.
2.- (   ) Ha escuchado hablar de ella.
3.- (   ) Se ha acercado a usted como contador para conocer o informarse del tema.

3.- ¿Cuenta con clientes pequeños productores del sector primario que migraron al RESICO?

1.- (   ) Si
2.- (   ) No

4.-¿Cuál es el rango de los ingresos de sus clientes pertenecientes al sector agrario?

1.- ( ) Menor a $ 300,000.00.
2.- ( ) Menor a $ 900,000.00.
3.- ( ) Mayor a $ 900,000.00.
4.- ( ) Mayoría de los tres puntos.

5.-¿Considera que sus clientes, pequeños productores del sector agrario facturan el 100% de sus ventas?

1.- ( ) Si

2.- ( ) No

6.-¿Considera que el no poder pertenecer a una sociedad anónima afectara la actividad de los contribuyentes?

1.- ( ) No afecta.
2.- ( ) Afecta.
3.- ( ) Afecta mucho.

7.-¿Considera que los pequeños contribuyentes del sector agrario son afectados por la limitante de no poder pertenecer a una asociación rural u/o unión de crédito?

1.- ( ) No afecta.
2.- ( ) Afecta.
3.- ( ) Afecta mucho.

8.-¿Considera que afecta al pequeño contribuyente del sector agrario el no poder percibir ingresos por salarios?

1.- ( ) No afecta.
2.- ( ) Afecta.
3.- ( ) Afecta mucho.

9.-¿Dentro de su cartera de clientes se encuentran contribuyentes que hayan tenido que migrar de RESICO al Régimen de Actividades Profesionales por alguno de los supuestos anteriores?

1.- (   ) Si
2.- (   ) No

10.-¿Cómo considera la eliminación del régimen de AGAPES y el subsecuente cambio a RESICO?

1.- (   ) No afecta
2.- (   ) Afecta
3.- (   ) Afecta mucho

11.-¿Considera que la reforma 2022 encarecerá la actividad de los pequeños productores agropecuarios, reduciendo su margen de utilidad?

1.- (   ) Si
2.- (   ) No
3.- (   ) No sabe

12.-¿En su opinión cual considera que sería el punto que más afecta al contribuyente?

1.- (   ) La disminución en la exención a $900,000.00.
2.- (   ) El no poder pertenecer a asociaciones, incluyendo cajas de ahorro y préstamo.
3.- (   ) El no poder percibir salarios asimilados.
4.- (   ) Todos.

Anexo 3. Convocatoria 1 Panel de información y discusión Modulo 6, Cd. Rosales, Chihuahua.

Anexo 4. Convocatoria 2 Panel de información y discusión Módulo 6, Cd. Rosales, Chihuahua..

ASOCIACION DE AGRICULTORES OCTAVIO LEGARRETA SOTO MODULO 7

DCD Despacho Contable Delicias

PANELES DE INFORMACIÓN Y DISCUSIÓN REFORMAS FICALES

- *Martes 16 de mayo 2023*
- *Horario: 11:00 am*
- *Instalaciones de la asociación*

TEMAS:

- Legislación Fiscal y el campo
- Evaluación económica y fiscal de la reforma fiscal 2022

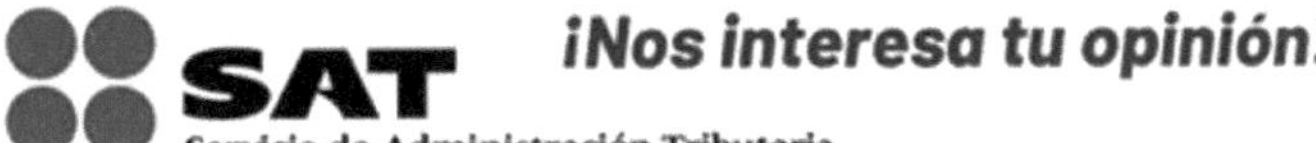

Anexo 5. Convocatoria 1 Panel de información y discusión Módulo 7, de Lázaro Cárdenas, Chihuahua.

INDICE

INDICE DE FIGURAS

INDICE DE TABLAS

Printed by Books on Demand GmbH, Norderstedt / Germany